まいにちのドリンク100

越喝越年轻的
100种健康特饮

〔日〕野口真纪 著　　贾超 译

南海出版公司

新经典文化有限公司
www.readinglife.com
出　品

清晨，当你揉着惺忪睡眼不想起床，
又挣扎着好想马上清醒过来；
午后，当你汗流浃背，难忍夏日的暑热，
寒冷冬夜，在你钻进温暖的被子之前……

不如来点饮品吧，什么才是你最需要的呢？

是营养丰富的蔬果汁，是香浓的咖啡，
还是爽口的碳酸饮料、暖暖的热饮……
既能烘托气氛，而且有益于身体，
100 款自制饮品将带给你 100 个惊喜，让你享受每一天。

今天我们来做点什么呢？

CONTENTS

4

让身体变舒爽

让你活力倍增的健康蔬果汁

28

从清晨到日暮

日常饮品

68

对平时的酒品稍加改造

微醺饮料

本书中使用的主要工具

搅拌机

有了搅拌机，你可以把食材变得更碎、更细。这样，就可以制作种类更丰富的饮品了，特别是以新鲜水果和蔬菜为基本原料的饮品，用搅拌机来做非常方便。把食材放进搅拌机，盖上盖子，先间歇性地开动搅拌机，注意避免空转。原料充分混合后，再按下开关持续搅拌。注意，搅拌时间太长会使搅拌机过热，持续搅拌时间控制在 30 秒内为宜。另外，刀头转动受阻时，应关机后打开盖子，用橡胶棒等工具把食材翻动一下，这样可以使搅拌过程轻松许多。

榨汁器

榨汁器可以用来榨果汁，柠檬、橙子、葡萄柚、柑橘等水果都适用。它的花瓣形榨汁头能够贴合水果的形状，不用费力就可榨出果汁。使用时要把水果压在榨汁器的榨汁头上，向下施加力量挤压。

研磨器

比较适合处理膳食纤维含量丰富的蔬菜，把蔬菜擦成丝或碎末可以改变膳食纤维的结构，使其变短、变细，饮用时口感更好。使用时，以画圆的方式慢慢擦就可以轻松搞定。

关于本书的标示
◎1 大勺为 15 毫升，1 小勺为 5 毫升，1 杯为 200 毫升。
◎微波炉的加热时间以 600 瓦的微波炉为参照。
用 500 瓦微波炉加热，用时为标注的 1.2 倍；用 700 瓦微波炉加热，用时为 0.8 倍。请注意，由于机器品牌型号不同，用时存在差异。

让身体变舒爽

让你活力倍增的健康蔬果汁

不知为何总觉得身体状态不太好，

你需要一杯可以补充能量的健康蔬果汁。

只要有搅拌机等工具，

新鲜蔬果就会变为一杯口感清爽、营养丰富的蔬果汁了。

在家里就可以尽享那份清新，

配上晶莹剔透的玻璃杯，流动的色彩会让你的心情立刻明亮起来。

皮肤粗糙　运动后疲劳　慢性疲劳

饮食过量　饮酒过量

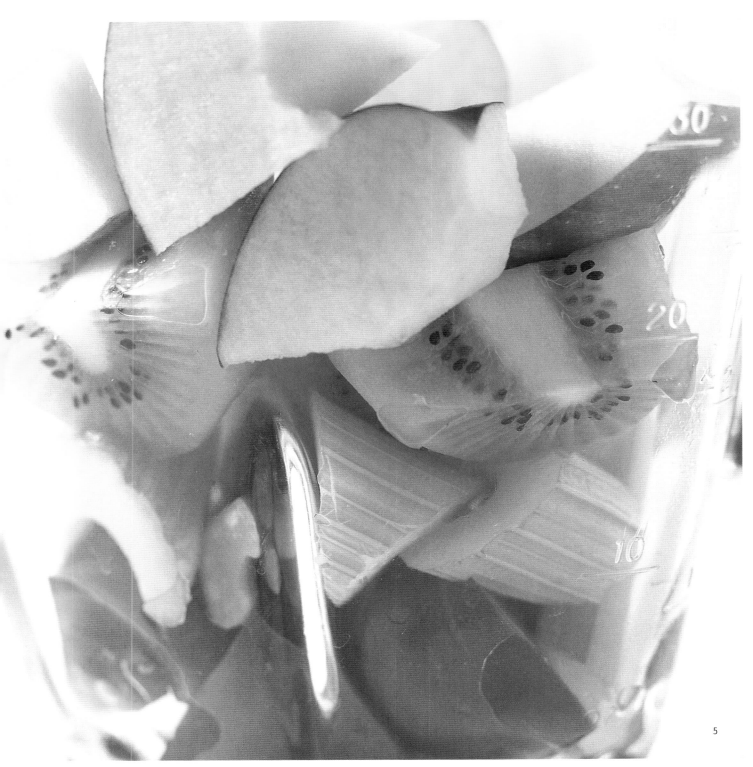

许多时候，皮肤粗糙都是由于皮肤内部胶原蛋白的保湿能力降低导致的。为了保持胶原蛋白的良好机能，我们需要补充蛋白质和有助于营养吸收的维生素 A、C、E。一种很有效的方法就是在食用蛋白质丰富的食物同时饮用一些用草莓、蓝莓等富含维生素的食材自制的饮料。这里要特别推荐果汁和牛奶、豆浆的组合，这样搭配可以同时补充维生素和蛋白质，一举两得，感觉非常棒。

皮肤粗糙

香醇的豆浆和酸甜可口的草莓
是最佳搭档。

草莓豆浆

原料（1 人份）
草莓　5~6 颗
豆浆（无其他添加成分）　1 杯
砂糖　1/2~1 小勺
冰块　1~2 块

做法
草莓去蒂，放入搅拌机。加入豆浆、砂糖和冰块，充分搅拌均匀。再将搅拌好的饮品倒入玻璃杯中即可。（124 千卡[①]）

① 1 千卡≈4.2 千焦。

加入少许酸奶，若有若无的酸味
可以丰富口味。

蓝莓豆浆

原料（1 人份）
蓝莓　35 颗（约 40 克）
豆浆（无其他添加成分）　2/3 杯
原味酸奶　2 大勺
蜂蜜　1 大勺
冰块　1~2 块

做法
把全部食材放入搅拌机，充分搅拌均匀，再将
搅拌好的饮品倒入玻璃杯中即可。（162 千卡）

橙子的甘甜可以让胡萝卜的
味道变柔和。

胡萝卜橙汁

原料（1 人份）
胡萝卜　1/2 根
橙子　2 个
冰块　随喜好适量添加

做法
胡萝卜削皮，用研磨器擦碎。橙子横向剖为两
半，放入榨汁器中榨汁。将胡萝卜末和橙汁倒
入玻璃杯，用勺子搅拌均匀，加入适量冰块即
可。(122 千卡)

鳄梨柔和软滑的口感成就了
这款饮料的独特风味。

猕猴桃鳄梨汁

原料（1 人份）
猕猴桃、鳄梨　各 1/2 个
蜂蜜　2 小勺
水　1 杯
冰块　1~2 块

做法
猕猴桃削皮，切成 2 厘米左右见方的小块。鳄梨去核、
削皮，也切成 2 厘米左右见方的小块。将全部食材
倒入搅拌机，加入蜂蜜、水和冰块，充分搅拌均匀，
再倒入玻璃杯中即可。（212 千卡）

感觉像沙拉的蔬果汁中
混合着苹果的酸甜味道。

胡萝卜生菜汁

原料（1 人份）
胡萝卜　1/2 根
生菜叶　1 片
苹果汁（100% 纯果汁）　1 杯
冰块　1~2 块

做法
胡萝卜削皮、切成 2 厘米左右见方的小块，生菜叶撕
成小片。将全部食材倒入搅拌机，加入苹果汁和冰块，
充分搅拌均匀，再倒入玻璃杯中即可。（118 千卡）

红彩椒的加入使这款饮品染上了
淡淡的粉嫩色彩。

彩椒香蕉汁

原料（1 人份）

红彩椒　1/4 个

香蕉　1/2 根

牛奶　1 杯

砂糖　少许

冰块　1~2 块

做法

红彩椒去蒂去子,切成 2 厘米左右见方的小块。
香蕉剥去外皮，掰成 3 厘米左右长的段。将全
部食材倒入搅拌机，加入牛奶、砂糖、冰块，
充分搅拌均匀，再倒入玻璃杯中即可。(192
千卡)

酸甜之中苦瓜的苦味若有若无。

猕猴桃苦瓜汁

原料（1 人份）

猕猴桃　1/2 个

苦瓜　1/8 根

苹果汁（100% 纯果汁）　1 杯

冰块　1~2 块

做法

猕猴桃剥去外皮，切成 2 厘米左右见方的小块。用勺刮去苦瓜的瓤和子，同样切成 2 厘米左右见方的小块。将全部食材倒入搅拌机，加入苹果汁和冰块，充分搅拌均匀，再倒入玻璃杯中即可。（111 千卡）

芒果的馨香在豆浆质朴味道的衬托下尤为诱人。

黄豆粉芒果汁

原料（1 人份）

芒果（小）　1 个

豆浆（无其他添加成分）　1 杯

黄豆粉　1 大勺

蜂蜜　1~2 小勺

冰块　1~2 块

做法

①芒果去皮，去掉中间的果核，切成 3 块。

②把芒果块切成 3 厘米左右见方的小块，放入搅拌机，加入豆浆、黄豆粉、蜂蜜和冰块，充分搅拌均匀，再倒入玻璃杯中即可。（203 千卡）

运动出汗之后，身体由于消耗了大量能量而感到疲倦，柠檬酸能有效恢复体力、帮你摆脱疲劳。柑橘属水果中含有大量柠檬酸，这一节我们就用橙子、柠檬等为主要原料来制作饮品吧！另外，醋中的醋酸也有抗疲劳的功效，但醋的酸性过强，人体不能一次摄入过多酸性物质。所以，在摄入少量醋的同时，还应该摄入有助吸收的矿物质和维生素 C。多吃一些富含这些物质的食物对身体非常有益。

运动后疲劳

3 种柑橘属水果的混合果汁，
真是一次奢侈的味觉体验。

三重柑橘汁

原料（1 人份）
橙子、葡萄柚　各 1 个
柠檬　1/2 个
冰块　随喜好适量添加

做法
将橙子、葡萄柚、柠檬剖为两半，分别放入榨汁器中榨汁。再将 3 种果汁一起倒入玻璃杯中，用汤匙搅拌均匀，随喜好加入适量冰块即可。（128 千卡）

葡萄柚和西芹搭配，
回味中带着微微的苦味。

葡萄柚西芹汁

原料（1 人份）

葡萄柚　1 个

西芹（茎部）　5 厘米

冰块　适量

做法

葡萄柚横向剖为两半，用榨汁器榨出果汁。西芹
用研磨器擦碎，和果汁一起倒入玻璃杯中，用汤
匙搅拌均匀后加入冰块即可。(81 千卡)

青柠清新的酸味和香气是
这款饮品的亮点。

蜂蜜青柠水

原料（1 人份）

青柠　1 个

蜂蜜　1/2 大勺

水　2/3 杯

冰块　2~3 块

做法

青柠洗净，横向剖为两半，再切两片薄片做装饰。用
手将青柠挤出果汁收入玻璃杯中，然后加入蜂蜜，搅
拌至蜂蜜全部溶解。加入水和冰块混合，最后放入用
做装饰的青柠片即可。(32 千卡)

草莓只需大体压碎，
留一点果肉会给你带来惊喜的口感。

草莓枫糖酸味特饮

原料（1 人份）
草莓　3~4 颗
醋、枫糖浆　各 1 大勺
碳酸水（无糖）　2/3 杯
冰块　2~3 块

做法
草莓去蒂，放入玻璃杯中，用勺背大致把草莓
压碎。倒入醋和枫糖浆混合，再加入冰块，最
后慢慢注入碳酸水即可。（78 千卡）

葡萄汁的厚重甜味完全被醋的
酸味收敛住了。

葡萄酸味特饮

原料（1 人份）
葡萄汁（100% 纯果汁）　2/3 杯
醋　1~2 大勺
冰块　2~3 块

做法
把所有原料倒入玻璃杯中，用汤匙搅
拌均匀即可。（59 千卡）

黑醋的浓厚味道和黑蜜的
完美结合。

双黑酸味特饮

原料（1人份）
黑醋、黑蜜（请参照第76页） 各1大勺
水　2/3杯
冰块　2~3块

做法
把黑醋和黑蜜倒入玻璃杯中，充分搅拌，
混合均匀。加入冰块后慢慢注入水即可。
（77千卡）

苹果带来了满溢着水果
酸甜的味道。

佛蒙特酸味特饮

原料（1人份）
苹果醋　2大勺
蜂蜜　1大勺
碳酸水（无糖）　2/3杯
冰块　2~3块

做法
把苹果醋和蜂蜜倒入玻璃杯中，搅拌均
匀。加入冰块后慢慢注入碳酸水即可。(69
千卡)

如果你总是感到疲劳，不妨试试用西红柿、黄瓜、西瓜和生菜等做成饮品吧！对于慢性疲劳，这些果蔬中富含的钾能有效起到缓解作用。制作这类饮品有一个要点——注意食材和水的比例。这会让饮品的口感更为爽滑，同时还可以给我们的身体补充水分，有利于体力的恢复。如果再加入一些含有丰富矿物质的粗盐，还会起到事半功倍的效果。喝上这样一杯饮料，再好好睡上一觉，马上就可以恢复精神了！

慢性疲劳

想要体验清爽的口感，
没有比鲜美的番茄更好的了！

番茄柠檬汁

原料（1 人份）
番茄（小） 1 个
柠檬汁 1 小勺
粗盐 适量
水 2/3 杯
冰块 1~2 块

做法
番茄去蒂，切成 2 厘米左右见方的小块 *，放入搅拌机中，加入柠檬汁、水、冰块、少许粗盐，充分搅拌均匀。最后把搅拌好的原料倒入玻璃杯中，再撒少许粗盐即可。（30 千卡，盐 0.3 克）

* 如果你觉得番茄皮影响口感，可以在去蒂切块之前，把番茄先放入热水中烫一下，剥掉外皮。在番茄皮上划一个十字，放入热水中，30 秒左右番茄皮开始卷边时捞出。再用漏勺将番茄放入凉水中冷却，不烫手时就可以轻而易举地把皮剥掉了。

满溢着香草清香的一杯冰爽美味。

番茄薄荷汁

原料（1 人份）
番茄（小） 1 个
薄荷叶 2~3 片
粗盐 少许
橄榄油 适量
水 2/3 杯
冰块 1~2 块

做法
番茄去蒂，切成 2 厘米左右见方的小块（请参照左页标有 "*" 的说明），放入搅拌机，加入薄荷、粗盐、水、冰块和一小勺橄榄油，充分搅拌均匀。把搅拌好的原料倒入玻璃杯中，淋上几滴橄榄油即可。（66千卡，盐 0.3 克）

加入草莓，增加酸甜口味。

番茄草莓汁

原料（1 人份）
番茄（小） 1 个
草莓 4~5 颗
水 2/3 杯
冰块 1~2 块

做法
番茄去蒂，切成 2 厘米左右见方的小块（请参照左页标有 "*" 的说明）。草莓去蒂，从中取出 1 颗切成小块用做装饰。把其余草莓和番茄块放入搅拌机，加入水和冰块，充分搅拌均匀。再把搅拌好的原料倒入玻璃杯中，放上用做装饰的草莓小块即可。（49千卡）

苹果和蜂蜜的搭配成就了这款
饮品出众的口感。

黄瓜苹果汁

原料（1 人份）
黄瓜　1/2 根
苹果　1/2 个
蜂蜜　1 小勺
水　1/2 杯
冰块　1~2 块

做法
黄瓜去蒂，切成 2 厘米左右长的段。苹果洗净，纵
向切开，去核，切成 3 厘米左右见方的块。将全部
食材倒入搅拌机，加入蜂蜜、水和冰块，充分搅拌
均匀，倒入玻璃杯中即可。(96 千卡)

粗盐的加入突显出了西瓜的甘甜。

粗盐西瓜汁

原料（1 人份）

西瓜　150 克

粗盐　少许

水　1/4 杯

冰块　1~2 块

做法

西瓜去皮去子，切成 2 厘米左右见方的小块，倒入搅拌机，
加入粗盐、水和冰块，充分搅拌均匀，倒入玻璃杯中即可。

（56 千卡，盐 0.3 克）

紫苏叶的清香让整体口感格外清爽。

绿紫苏生菜汁

原料（1 人份）

生菜叶　2 片

绿紫苏叶　2~3 片

卷心菜叶　1/2 片

蜂蜜　1~2 大勺

柠檬汁　少许

水　1 杯

冰块　1~2 块

做法

把生菜和卷心菜叶切成 2 厘米左右见方的片。绿紫苏去
叶柄，切成块。将全部食材倒入搅拌机，加入蜂蜜、柠
檬汁、水和冰块，充分搅拌均匀，再倒入玻璃杯中即可。

（79 千卡）

有时，不知不觉我们就吃下了太多食物，这时就要选用能够促进消化的水果和蔬菜制作蔬果汁了。白萝卜中含有能促进碳水化合物消化的糖化酶；菠萝中含有菠萝蛋白酶，可以有效促进蛋白质在人体内消化；卷心菜中的维生素 U 可以保护胃黏膜。吃了油腻食物之后，蔬果汁的效果更加明显。加热会破坏蔬果中的各种营养物质，所以我们在制作饮料时，要选用生鲜食材，这一点非常重要。

饮食过量

猕猴桃的种子嚼起来有一种特别的口感。

卷心菜猕猴桃汁

原料（1 人份）
卷心菜叶　1 片
猕猴桃　1 个
水　3/4 杯
冰块　1~2 块

做法
卷心菜切成 2 厘米左右见方的片。猕猴桃去皮，切成 2 厘米左右见方的小块。将全部食材倒入搅拌机，加入水和冰块，充分搅拌均匀，再倒入玻璃杯中即可。
（58 千卡）

西芹的清香使这款饮品回味特别清爽。

菠萝西芹汁

原料（1 人份）
菠萝　1/8 个（约 100 克）
西芹（茎部）　5 厘米
水　3/4 杯
冰块　1~2 块

做法
菠萝去皮、去掉硬芯，切成 2 厘米左右见
方的小块。西芹切成 2 厘米左右长的段。
将全部食材倒入搅拌机，加入水和冰块，
充分搅拌均匀，再倒入玻璃杯中即可。(66
千卡)

小萝卜的辛辣可以提味。

卷心菜小萝卜汁

原料（1 人份）
卷心菜叶　1 片
小萝卜　3 个
蜂蜜　1~2 小勺
柠檬汁　少许
水　3/4 杯
冰块　1~2 块

做法
把卷心菜切成 2 厘米左右见方的片。小萝卜纵向
剖为两半。将全部食材倒入搅拌机，加入蜂蜜、
柠檬汁、水和冰块，充分搅拌均匀，再倒入玻璃
杯中即可。(43 千卡)

富含消化酶的白萝卜和菠萝是最强搭档。

白萝卜菠萝汁

原料（1 人份）
白萝卜　2 厘米长的一截
菠萝　1/8 个（约 100 克）
水　3/4 杯
冰块　1~2 块

做法
菠萝去皮、去掉硬芯，切成 2 厘米左右见
方的块。白萝卜去皮，切成块。将全部食
材倒入搅拌机，加入水和冰块，充分搅拌
均匀，再倒入玻璃杯中即可。(74 千卡)

一不留神又喝多了……宿醉会使身体出现脱水症状，这时我们最需要的首先是补充水分，其次是补充可以帮助酒精快速分解的果糖。要同时做到这两点，最好的办法就是把充足的水和水果倒入搅拌机，制作一杯清新爽口的饮料。梨、草莓、苹果等含有大量的钾，具有很好的利尿效果，柿子和葡萄等也很值得推荐。

饮酒过量

梨的水嫩和美味会直接冲击你的味蕾。

梨汁

原料（1 人份）
梨　1/2 个
砂糖　1/2~1 小勺
水　1 杯
冰块　1~2 块

做法
梨去皮，纵向剖为两半，去核切块，倒入搅拌机，加入砂糖、水和冰块，充分搅拌均匀，再倒入玻璃杯中即可。（79 千卡）

草莓的红艳让果汁看上去令人怦然心动。

草莓汁

原料（1 人份）
草莓　5~6 颗
砂糖　1/2~1 小勺
水　1 杯
冰块　1~2 块

做法
草莓去蒂，倒入搅拌机，加入砂糖、水和冰块，
充分搅拌均匀，再倒入玻璃杯中即可。（26 千卡）

保留苹果皮可以保留更多的营养。

苹果汁

原料（1 人份）
苹果　1/2 个
砂糖　1/2~1 小勺
水　1 杯
冰块　1~2 块

做法
苹果洗净，纵向切成两半，去核切块，倒入搅拌机，加入
砂糖、水和冰块，一起充分搅拌均匀，再倒入玻璃杯中即可。
（87 千卡）

做好素材，想喝就喝！

自制青菜汁

菠菜、油菜、芹菜等绿色蔬菜含有丰富的 β - 胡萝卜素、维生素 C、叶绿素、膳食纤维、铁等营养成分，可以帮助女性补充所需的微量元素，同时提高免疫力。如果能用这些全能蔬菜制作蔬菜汁并储存起来，每天拿出来饮用，再方便不过了。选用 1~2 种蔬菜为主要原料，再配上清香浓郁的西芹或水芹，一款美味的蔬菜汁马上就可以端上餐桌了。养成每天饮用蔬果汁的习惯对身体益处多多，从今天就开始行动吧！

制作青菜汁的原料

原料（易于制作的分量）
自己喜欢的青菜（菠菜、油菜、香芹、水芹、西芹等）　120 克

做法
①把每棵青菜择好洗净，切成 5~7 厘米长的段。
②用纸巾擦干青菜上的水分。
③把蔬菜装入可以密封的冰箱专用保鲜袋中，放入冷冻室，1 小时左右蔬菜就冷冻好了。使用时，可以把冷冻的蔬菜直接放入搅拌机中做成蔬菜汁。

柠檬的酸味让蔬菜汁的后味变得令人更加舒畅。

基本款青菜汁

原料（1 人份）
制作青菜汁的原料（参照前文）　30 克
柠檬汁　1 小勺
冰水　2/3 杯

做法
把全部食材倒入搅拌机，充分搅拌均匀，倒入玻璃杯中即可。（5 千卡）

加入苹果让饮品更美味。

青菜苹果汁

原料（1 人份）

制作青菜汁的原料（参照前文） 30 克
苹果汁（100% 纯果汁） 2/3 杯

做法

把全部食材倒入搅拌机，充分搅拌均匀，再倒入玻璃杯中即可。（62 千卡）

100% 蔬菜组合健康饮品。

青菜番茄汁

原料（1 人份）

制作青菜汁的原料（参照前文） 30 克
番茄 1/2 个
冰水 2/3 杯

做法

番茄去蒂切块（如果需要去皮，请参照第 16 页的方法用热水烫一下），倒入搅拌机，加入制作青菜汁的原料和冰水，充分搅拌均匀,再倒入玻璃杯中即可。（34 千卡）

满溢着香甜味道的香蕉让这款饮品的口感更加柔和。

青菜香蕉汁

原料（1 人份）

制作青菜汁的原料（参照前文） 30 克
香蕉 1/2 根
牛奶 2/3 杯

做法

香蕉剥皮，切成块，倒入搅拌机。加入制作青菜汁的原料和牛奶，充分搅拌均匀，再倒入玻璃杯中即可。（44 千卡）

从清晨到日暮
日常饮品

只是喝了一杯饮料，心情一下就不同了，马上感觉畅快舒爽起来。

那一天，那一刻，那一杯感觉恰到好处的饮品，带着一天好心情的

浓厚味道……

清晨，午后，夜晚，挑选你喜欢的味道吧。

让你马上清醒　代替早餐　代替下午茶

暑热天气　酷暑

餐后　感觉寒冷时　睡前

一天开始了。

起床时，身体最需要的是充足的水分。

让我们一起来补充睡眠时失去的水分，让新陈代谢活跃起来吧!

柠檬、酸橙中的维生素 C 可以给补水效果加分，还可以让双眼更加明亮动人。

希望今天也是明媚的一天。

让你马上清醒

柠檬和薄荷的香气可以扫去想赖床的情绪，好一杯清爽的饮料!

柠檬薄荷苏打水

原料（1 人份）
柠檬切成半月形　3~4 片
薄荷叶　4~5 片
碳酸水（无糖）　1 杯
冰块　适量

做法
把薄荷叶撕碎，与柠檬和冰块一起倒入玻璃杯中，加入碳酸水即可。(1 千卡)

酸甜的橙汁中加入碳酸水，
让饮料更加爽口宜人。

清新橙汁苏打水

原料（1人份）
橙子　1个
碳酸水（无糖）　1/2杯
冰块　适量

做法
橙子横向剖为两半，用榨汁器榨出果汁。将果汁倒入玻璃杯中，加入冰块，再慢慢注入碳酸水即可。（31千卡）

用酸橙制作饮品，
口感清淡不甜腻。

热酸橙水

原料（1 人份）
酸橙　1 个
蜂蜜　1/2~1 大勺
热水　3/4 杯

做法
把酸橙洗净，横向剖为两半，从其中一半
上切下一片作为装饰。用榨汁器将酸橙榨
汁，倒入茶杯中，加入蜂蜜搅拌至酸橙汁
和蜂蜜融合，注入热水。最后放入用做装
饰的酸橙片，使其浮在表面即可。(39 千卡)

苹果汁可以使口感更加柔和，
很好地中和玫瑰花茶的酸味。

Apple 玫瑰花茶

原料（1 人份）
茶包（玫瑰花茶） 1 个
苹果汁（100% 纯果汁）、热水　各 1/3 杯

做法
把茶包和热水都倒入杯中，加盖泡 1 分钟左右。
苹果汁倒入耐热容器，放入微波炉加热约 30 秒，
取出，倒在盛有玫瑰花茶的杯中，用汤匙搅拌均
匀即可。（29 千卡）

匆忙的清晨，

"没有时间吃早餐了"，"刚起床，一点食欲都没有"……

这时，我们的特饮要登场了。

有益肠胃的牛奶和豆浆，还有颇具饱腹感的香蕉，

再加上点黑蜜，一杯让身体和头脑都精神起来的早餐就完成了。

这样一杯特饮可以让整个上午的工作和生活都轻松顺利。

代替早餐

在酸奶的酸味中，香蕉柔和的香甜益发诱人。

香蕉酸奶

原料（1 人份）
香蕉　1/2 根
酸奶　1/2 杯
牛奶　1/3 杯
冰块　1~2 块

做法
香蕉剥皮、切块，倒入搅拌机，加入酸奶、牛奶和冰块，充分搅拌均匀，再倒入玻璃杯中即可。（150 千卡）

制作第 34 页和第 35 页的饮品时，用叉子将水果碾碎再与其他原料混合, 成品别有一番风味。把香蕉、草莓等放入小盆中，用叉子粗粗地碾一下，再与其他原料混合。这样，饮品中夹杂着残留的果肉，会带给你另一种体验。

加入酸酸甜甜的草莓，
颜色变得更漂亮了。

香蕉草莓奶

原料（1 人份）

香蕉　1/2 根

草莓　3~4 颗

牛奶　1 杯

冰块　1~2 块

做法

香蕉剥皮、切块，草莓去蒂。将香蕉和草莓倒
入搅拌机中，加入牛奶和冰块，充分搅拌均匀，
再倒入玻璃杯中即可。(192 千卡)

芝麻香醇的味道在口中慢慢散开。

香蕉黑芝麻奶

原料（1 人份）

香蕉　1/2 根

黑芝麻　1/2 大勺

牛奶　1 杯

冰块　1~2 块

做法

香蕉剥皮、切块，倒入搅拌机，加入黑芝麻、
牛奶和冰块，充分搅拌均匀，再倒入玻璃杯中
即可。(222 千卡)

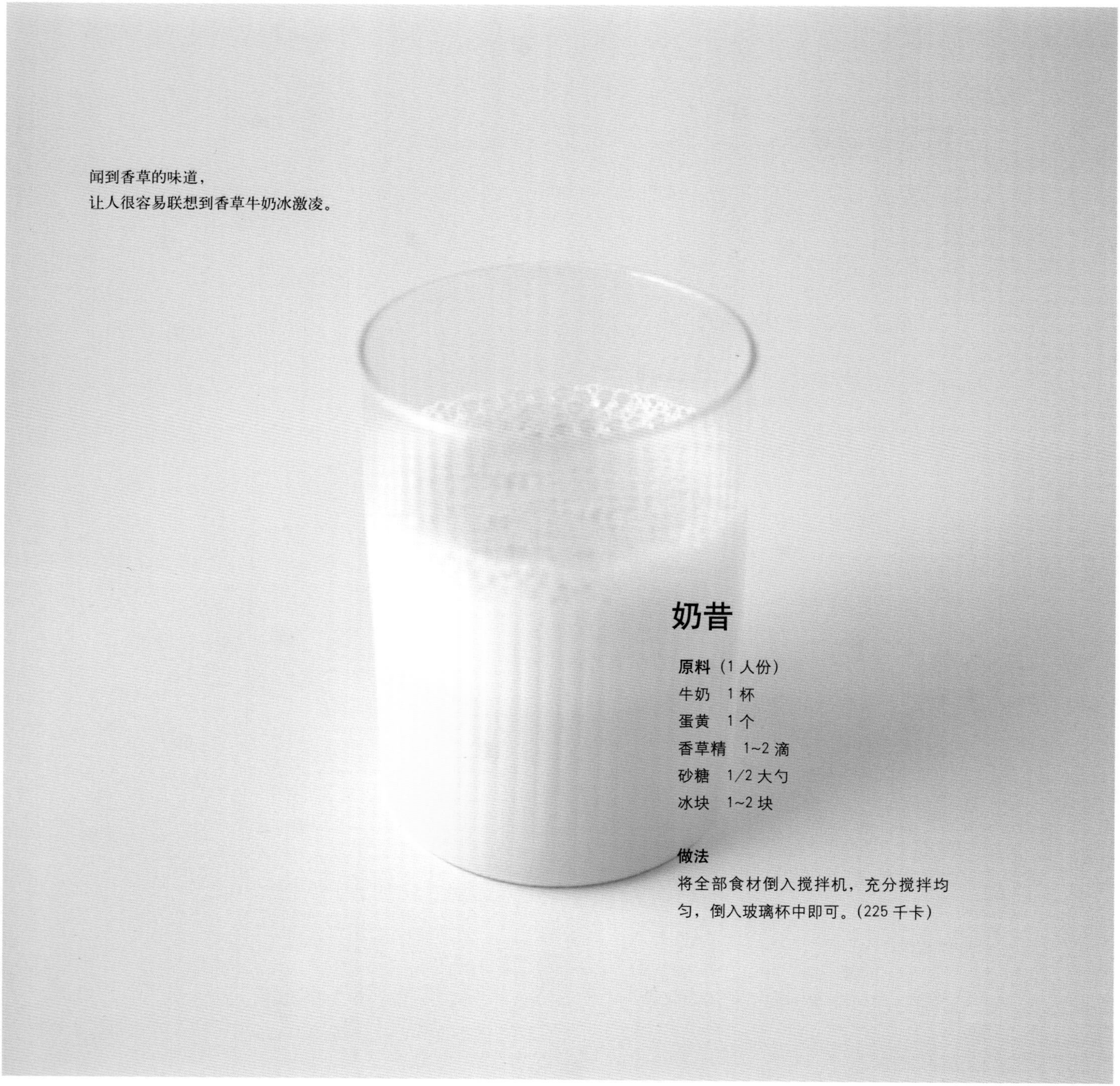

闻到香草的味道，
让人很容易联想到香草牛奶冰激凌。

奶昔

原料（1 人份）
牛奶　1 杯
蛋黄　1 个
香草精　1~2 滴
砂糖　1/2 大勺
冰块　1~2 块

做法
将全部食材倒入搅拌机，充分搅拌均
匀，倒入玻璃杯中即可。(225 千卡)

带着微微酸味的牛奶真是让人上瘾啊……

养乐多牛奶

原料（1 人份）
牛奶　1/3 杯
养乐多　1 瓶

做法
将所有原料倒入玻璃杯中，用汤匙
搅拌均匀即可。(91 千卡)

黄豆粉的香气和黑蜜浓厚的甘甜味道
充分融合在了一起。

黑蜜黄豆粉豆浆

原料（1 人份）
豆浆（无其他添加成分） 1 杯
黑蜜 1~2 大勺
黄豆粉 2 大勺
冰块 1~2 块

做法
将全部食材倒入搅拌机，充分搅拌均
匀，倒入玻璃杯中即可。(214 千卡)

抹茶若有若无的苦味平衡了豆浆的味道。

抹茶豆浆

原料（1 人份）

豆浆（无其他添加成分） 1 杯

抹茶 1/2 大勺

砂糖 1 大勺

白芝麻粉 少许

冰块 1~2 块

做法

将豆浆、抹茶、砂糖和冰块倒入搅拌机，充分搅
拌均匀，再倒入玻璃杯中，撒上白芝麻粉即可。

（142 千卡）

午后的悠闲时光，

肚子有点饿了，来一杯饮品吧。

随着冰激凌慢慢融化，其中的果肉如落英般沉下，

饮品中融入了一抹童趣，让眼睛和舌尖共同享受这种快乐。

慢慢玩味，休息，休息……

代替下午茶

经过搅拌，
黄桃绵软柔滑的口感让人回味。

雪顶黄桃

原料（1 人份）
黄桃罐头（半块装） 2 块
超市卖冰激凌（草莓味） 50 克
水　1 杯
冰块　适量

做法
将黄桃、水和 1 块冰块加入搅拌机，充分搅拌均匀，
倒入玻璃杯中。再加入适量冰块，扣入冰激凌球即可。
(228 千卡)

冰冻的咖啡块在牛奶中慢慢融化,
品味咖啡味道渐变浓郁的过程。

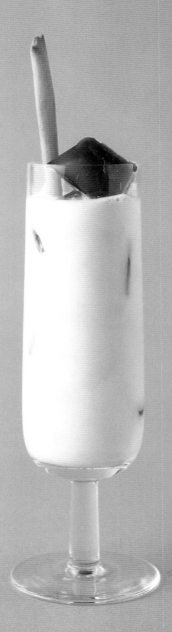

咖啡冰方牛奶

原料(1 人份)
速溶咖啡、热水　各 1 大勺
枫糖浆　2~3 大勺
水、牛奶　各 1/2 杯
饼干棒(根据个人口味选择)　1 根

做法
①制作咖啡冰方。在耐热金属容器中倒入速溶咖
啡和热水,用勺子搅拌至咖啡完全融化。再加入
枫糖浆和水,搅拌均匀。把做好的咖啡注入冰块
盒,放入冰箱中冷冻 2~3 小时。
②把做好的咖啡冰方倒入玻璃杯中,加入牛奶,
插一根饼干棒即可。(201 千卡)

炫目的色彩，缤纷的水果，
时尚又惹人喜欢的搭配。

水果冰汽水

原料（1 人份）
喜欢的水果任选 3 种（菠萝、西瓜和猕猴桃等）　150 克
汽水　1 杯

做法
①水果用专用工具挖成球状*，装入冰箱专用保鲜
袋中，放入冰箱冷冻 2~3 小时。
②将冻好的水果球装入玻璃杯，注入汽水即可。
（154 千卡）

*用专用的水果挖球器，可
以使挖出的水果球完整又漂
亮。如果没有，可以用刀把
水果切成大小相同的块。

炼乳和红豆味道同样的浓厚香甜，
是非常完美的组合。

冰镇红豆汤

原料（1 人份）
红豆沙（超市可以买到） 2 大勺
炼乳 1 大勺
冰水 1/2 杯
喜欢口味的米果 适量

做法
把红豆沙和冰水倒入玻璃杯中，用
汤匙搅拌均匀。再加入炼乳，撒上
米果即可。(165 千卡)

DIY咖啡 & DIY红茶

Coffee

DIY 咖啡

棉花糖慢慢融化，
好甜啊!

⊕ 棉花糖咖啡

原料（1 人份）和做法

将 1 大勺速溶咖啡倒入杯中，加入 3/4 杯热水，搅拌至咖啡充分溶解，最后放入一颗棉花糖即可。(37 千卡)

浓厚的甘甜和淡淡的苦涩让人着迷。

⊕ 焦糖咖啡

原料（1 人份）和做法

将 1/4 杯牛奶倒入耐热容器中，用微波炉加热约 30 秒。取出后加入 1 大勺速溶咖啡和 1/2 杯热水，搅拌均匀。最后加入 1 大勺焦糖酱（参照第 76 页)，用汤匙搅拌均匀，倒入杯中即可。(139 千卡)

杯中堆满丰富的泡沫，
卡布奇诺的风格。

⊕ 飘香牛奶咖啡

原料（1 人份）和做法

① 将 1/3 杯牛奶倒入耐热容器中，用微波炉加热大约 40 秒。取出后用打蛋器打出松软泡沫。

② 将 1 大勺速溶咖啡倒入杯中，加入 3/4 杯热水，搅拌至咖啡充分溶解。再将汤匙挡在①中牛奶杯边缘，让液体先流入杯中，再把剩下的泡沫倒在咖啡上即可。(63 千卡)

最普通的速溶咖啡和红茶包，

只要稍加创意，就可以甜美变身。

放入焦糖、加上水果，

就可以做出 12 款口感、味道都大大提升的美味饮品。

热饮、冷饮，色色齐全。

今天，心情如何呢?

最后在咖啡中撒入香料，
香味果然提升了。

⊕ 肉桂咖啡

原料（1 人份）和做法
将 1 大勺速溶咖啡倒入杯中，加入 3/4 杯
热水，搅拌至咖啡充分溶解。再加入 2 大
勺牛奶和 1/2 勺砂糖，充分搅拌后，撒少
许肉桂粉即可。（55 千卡）

随着奶油冰激凌慢慢融化，
味道也越来越香醇。

⊕ 冰激凌咖啡

原料（1 人份）和做法
在玻璃杯中倒入速溶咖啡和热水各 1 大勺，
搅拌至充分溶解。再加入 3/4 杯水，搅拌
均匀，放入适量冰块，扣上奶油冰激凌球
即可。（123 千卡）

让炼乳自然沉淀，
就可以做出美丽的双层咖啡了。

⊕ 炼乳咖啡

原料（1 人份）和做法
在玻璃杯中倒入速溶咖啡和热水各 1 大勺，
搅拌至充分溶解。再加入 3/4 杯水，搅拌
均匀后添加 1 大勺炼乳。最后根据个人喜
欢加入适量冰块即可。（87 千卡）

tea

DIY 红茶

草莓的酸甜在口中留下一抹
清爽的余味。

⊕ 草莓酱红茶

原料（1 人份）和做法

将红茶包放入杯中，加入 3/4 杯热水，加
盖泡 1 分钟。取出茶包，加入 1 大勺草莓
酱即可。如果有新鲜草莓，还可以加一片
新鲜草莓。（110 千卡）

加入辛香料可以刺激味觉。

⊕ 八角红茶

原料（1 人份）和做法

将 1 枚八角（参照第 76 页）、2 块冰糖和红
茶包放入杯中，加入 3/4 杯热水，加盖泡 1
分钟，取出茶包即可。（26 千卡）

在红茶中慢慢变软的李子干和杏干
更加美味了。

⊕ 果子干红茶

原料（1 人份）和做法

取李子干和杏干各 1 枚放入杯中，加入红
茶包和 3/4 杯热水，加盖泡 1 分钟，取出
茶包即可。（38 千卡）

回味中弥漫着清新的香气。

⊕ 橙味红茶

原料（1 人份）和做法

切一片橙子，去皮，放入杯中。加入红茶包和 3/4 杯热水，加盖泡 1 分钟，取出茶包即可。（10 千卡）

让你陶醉在南国水果的
芬芳甘甜之中。

⊕ 芒果汁红茶

原料（1 人份）和做法

在量杯中放入红茶包，加入 1/2 杯热水，加盖泡 1 分半左右。取出茶包，再加入 5~6 块冰块，搅拌至红茶冷却。在另一只玻璃杯中注入 1/3 杯芒果汁，再将红茶连同冰块一起倒入玻璃杯中即可。（34 千卡）

搅动红茶，
马上就可以变身为一杯冰奶茶。

⊕ 鲜奶油红茶

原料（1 人份）和做法

在量杯中放入红茶包，加入 2/3 杯热水，加盖泡 1 分半左右。取出茶包，再加入 5~6 块冰块，搅拌至红茶冷却。最后加入适量打发的冷鲜奶油即可。（69 千卡）

炎热的夏日，大汗淋漓地回到家中，

嗓子直冒烟，就想喝一杯冰爽的冷饮。

冰爽的碳酸饮料让喉咙也跟着畅快起来。

苏打水、可乐、汽水……让你在缤纷的碳酸饮料中享受快乐。

暑热天气

果酱的加入让色彩跳动起来。

蓝莓苏打水

原料（1 人份）
蓝莓酱　1 大勺
碳酸水（无糖）　3/4 杯
冰块　适量

做法
将蓝莓酱倒入玻璃杯中，加入冰块和碳酸水
即可。（38 千卡）

在玻璃杯边缘点缀上樱桃和柠檬做装饰，
仿佛置身于咖啡馆中。

冰爽柠檬特饮

原料（1 人份）
柠檬　1/2 个
蜂蜜　1 大勺
碳酸水（无糖）　3/4 杯
樱桃（罐头）　1 颗
冰块　适量

做法
将柠檬洗净，切一片薄片做装饰，其余部分用榨汁器榨出
果汁。用柠檬片把樱桃裹住，并用牙签固定。将柠檬汁和
蜂蜜倒入玻璃杯中，搅拌至混合均匀，加入冰块。再注入
碳酸水并搅拌均匀，加上柠檬樱桃做装饰即可。(74 千卡)

葡萄和可尔必思[①]，
两种清新的酸味搭配出最佳组合。

可尔必思葡萄苏打水

原料（1 人份）
可尔必思　1 大勺
葡萄汁（100% 纯果汁）　1/4 杯
碳酸水（无糖）　1/2 杯
冰块　适量

做法
将全部食材倒入玻璃杯中，用汤匙搅拌均
匀即可。(65 千卡)

---

① calpis，日本产的乳酸菌饮料。

大量姜丝带来了爽口的辛辣。

姜丝可乐

原料（1 人份）
可乐　3/4 杯
姜丝　1 大勺
冰块　适量

做法
将所有原料放入玻璃杯中，用汤匙搅拌均匀即可。（72 千卡）

你还记得孩童时代的夏祭①吗?
那让人怀念的味道。

草莓苏打水

原料（1 人份）
草莓酱 1 大勺
碳酸水（无糖） 3/4 杯
冰块 适量

做法
将草莓酱与冰块倒入玻璃杯中，注入碳酸
水即可。（42 千卡）

清清淡淡的绿茶，酸酸甜甜的汽水，
搭配出夏日好味道。

绿茶汽水

原料（1 人份）
绿茶粉（参照第 76 页） 1 大勺
汽水 3/4 杯
冰块 适量

做法
将绿茶粉倒入玻璃杯中，注入少量汽水，
搅拌至绿茶粉溶解，加入冰块。将剩余的
汽水全部注入，用汤匙搅拌均匀即可。（82
千卡）

①夏日举行的各种祭祀活动的总称，是日本
的一项传统民俗活动，多集中在 7 月上旬至
8 月下旬举办，有各种表演、游街活动。

烈日炎炎的盛夏，

最适宜把冰块变成雪一般的冰沙。

终于轮到消暑特饮登场了。

水果是主料，再加入碳酸水，十分爽口！

加入豆浆和乳制品则会让饮品变得香浓润滑！

爽口还是浓滑，两种口味随你选择。

只需用一个保鲜袋加上简单的制作，就可以享受消暑特饮了！

快来试试吧！

酷暑

些许果肉带来了咀嚼的快感。

蜜橘可尔必思雪泥

原料（1人份）

蜜橘果肉（罐头）15 瓣（约 70 克）

蜜橘果汁（罐头）50 克

可尔必思 1 大勺

碳酸水（无糖）1/4 杯

做法

①切水果：

将蜜橘果肉切成小块。

②将食材装入密封的保鲜袋，充
分混合：

将蜜橘果肉与果汁、可尔必思装
入可以密封的冰箱专用保鲜袋中，
封好袋口。由上而下揉捏保鲜袋，
挤碎果肉，使全部食材充分混合。

③冷冻、揉碎：

将保鲜袋中的空气挤出，再平铺
到托盘等容器中，放入冰箱冷冻
2~3 个小时，取出。用毛巾将保鲜
袋包裹起来，大致揉碎。注意用
力不要过大。

④注入碳酸水：

打开保鲜袋，将碳酸水注入，再
封好开口。

⑤混合揉碎：

用毛巾包住保鲜袋，再次揉捏，
当全部食材充分混合后，用勺子
将雪泥盛出，放入玻璃杯中即可。

（118 千卡）

果料丰富，奢侈的味觉享受。

白兰瓜雪泥

原料（1 人份）

白兰瓜果肉　100 克
蜂蜜　1 大勺
碳酸水　1/3~1/2 杯

做法

将白兰瓜切成小块。具体做法请参照第 53 页
（蜜橘可尔必思雪泥）。不同的是进行第二步时，
要将白兰瓜和蜂蜜放入保鲜袋。（104 千卡）

水蜜桃和枫糖浆搭配，
调配出了柔和的香甜味道。

水蜜桃雪泥

原料（1 人份）

水蜜桃罐头果肉　1 块
水蜜桃罐头果汁　40 克
枫糖浆　1 大勺
碳酸水　1/4 杯

做法

将水蜜桃切成小块。具体做法请参照第 53 页
（蜜橘可尔必思雪泥）。不同的是进行第二步时，
要将桃肉、桃汁和枫糖浆放入保鲜袋。（137
千卡）

芒果和香草冰激凌搭配，
奢华的美味！

芒果雪泥

原料（1人份）

芒果　1/4个（约50克）

香草冰激凌　60克

肉桂粉　少许

酸奶　1/4杯

做法

芒果的处理方法请参考第11页（黄豆粉芒果汁）中
的方法，去核去皮，仔细切成小块。接下来参照第
53页（蜜橘可尔必思雪泥）进行制作。不同的是，
进行第二步时，要将芒果、香草冰激凌和肉桂粉放
入保鲜袋。进行第四步加入的不是碳酸水而是酸
奶。（192千卡）

加入巧克力酱，给浓郁味道加分！

巧克力香蕉雪泥

原料（1人份）

香蕉　1/2根

香草冰激凌　60克

巧克力酱　1大勺

豆浆（无其他添加成分）　1/4杯

可可粉　适量

做法

香蕉去皮，切成小块。具体做法请参照第53页（蜜
橘可尔必思雪泥）。不同的是，进行第二步时，要将
香蕉、香草冰激凌和巧克力酱放入保鲜袋。进行第
四步时加入豆浆而不是碳酸水。最后撒上可可粉即
可。（231千卡）

满足地大饱口福之后，口中满是油腻的感觉，

这时喝上一杯香茶实在是件惬意的事。

用各种生鲜食材和清新的薄荷茶、绿茶等作为基本原料，再根据喜好进行调配，

可以做出适合搭配日式料理、西餐和中式美食等的香茶。很期待吧?

餐后

多加入些薄荷，
让沁人心脾的香气从茶杯中飘溢而出。

清新薄荷茶

原料（1 人份）
薄荷叶　10~20 枚
热水　1 杯

做法
将薄荷叶放入杯中，加入热水，盖上盖子泡
1 分钟左右即可。(0 千卡)

香气四溢的百里香和绿茶，
让人意想不到的绝妙搭配。

香草茶

原料（1人份）
百里香（请参照第76页） 1枝
绿茶（茶叶） 1~2小勺
热水 3/4杯

做法
将茶叶放入茶壶，倒入热水，加盖泡1分钟左右。
将百里香放入茶杯，注入绿茶即可。(3千卡)

香茶中绽放着一朵樱花，
沉静芳香。

樱花绿茶

原料（1人份）
盐渍樱花（请参照第76页） 1枚
绿茶（茶叶） 1~2小勺
热水 3/4杯

做法
将茶叶放入茶壶，倒入热水，加盖泡1分钟左右。
将盐渍樱花放入茶杯，注入绿茶即可。(3千卡，
盐0.2克)

加入紫苏叶末，
给味道和颜色增添亮点。

紫苏海带茶

原料（1 人份）
紫苏叶末　1/2 小勺
海带茶[①]　1 小勺
热水　3/4 杯

做法
将全部食材放入茶杯，再倒入热水，用汤
匙搅拌均匀即可。(5 千卡，盐 1.9 克)

盐渍梅干的酸味和咸味让人回味无穷。

梅干茶

原料（1 人份）
梅干（低盐型）　1 颗
烘焙茶[②]（叶片）　1 大勺
热水　3/4 杯

做法
将烘焙茶放入茶壶，倒入热水，加盖泡 1
分钟左右。将梅干放入茶杯，注入茶水即可。
也可将梅干用汤匙捣碎。(3 千卡，盐 1.1 克)

①海带茶：日式茶饮。海带浸泡后烘干，泡水即可饮用。
②烘焙茶：日本绿茶的一种，将茶叶进行烘焙后再供饮用，香气独特。

芒果和乌龙茶搭配既好喝，
又能抑制脂肪的吸收。

芒果乌龙茶

原料（1 人份）
芒果干　1 条
乌龙茶*　1 大勺
热水　3/4 杯

做法
将茶叶放入茶壶，倒入热水，加盖泡 1
分钟左右。将芒果干放入茶杯，注入乌
龙茶即可。（25 千卡）

* 如果没有乌龙茶，可以用超市卖的乌龙茶饮
料代替，将 3/4 杯饮料放入微波炉中加热即
可。

感觉寒冷时

寒冷的冬夜，感觉手脚都是凉冰冰的，这时要是有一杯蜂蜜生姜茶或蜂蜜柚子茶，
暖暖地喝上一杯该多好啊！自己做好基本原料保存在冰箱里，随时想喝就拿出
来，和热水、果汁、茶等搭配，那真是温暖到心的享受！

热饮食材 1

蜂蜜生姜茶

原料（方便制作的分量 *1）
生姜（大） 1 块（约 80 克）
蜂蜜 300 克

做法
①将生姜洗净，用纸巾包裹擦干水分，削掉表皮不好的部
分。这样可以在腌制时避免发生腐败。然后带皮将生姜切
成薄皮。
②将可以密封的保鲜瓶煮沸消毒 *2，放好生姜和蜂蜜后放
入冰箱冷藏。使用时，将生姜和蜂蜜一起泡水即可。

① ②

*1 保存期限和保存方法
我们在介绍蜂蜜生姜茶时，用了一整块生姜，这
个分量比较容易配比制作。喝完剩下的部分可以
在冰箱中保存 3 周。为了避免使用时混入细菌，
请使用干净的勺子盛食。

*2 煮沸消毒的方法
为了避免细菌滋生，将保鲜瓶煮沸消毒非常重要。
首先，要将保鲜瓶用洗涤剂洗净；然后在锅中加
入足量的水大火煮沸，放入保鲜瓶和瓶盖；稍煮
片刻，用夹子或筷子捞出，趁热用干净的毛巾将
水擦干即可。

搭配热水

原料（1 人份）和做法

在杯中放入 1~2 大勺蜂蜜生姜茶，再注入 3/4 杯热水，用汤匙搅拌均匀即可。(48 千卡)

搭配红茶

原料（1 人份）和做法

将红茶包放入杯中，注入 3/4 杯热水，加盖泡 1 分钟。取出茶包，加入 1~2 大勺蜂蜜生姜茶，用汤匙搅拌均匀即可。(50 千卡)

搭配苹果泥

原料（1 人份）和做法

①将 1/4 个苹果去皮、去核，用研磨器擦成泥。

②在杯中放入 1~2 大勺蜂蜜生姜茶，再注入 2/3 杯热水，加入苹果泥，用汤匙搅拌均匀即可。(75 千卡)

热饮食材 2

蜂蜜柚子茶

原料（方便制作的分量 *）
柚子（大） 1 个
蜂蜜 300 克

做法
①洗净柚子。在锅中加入足量的水用大火煮沸。把柚子放入沸水中，煮 1 分钟，用笊篱捞出，控干水分。这样可以去除柚子表面的蜡质。
②将柚子横向剖为两半，用榨汁器榨汁。去除柚子皮内侧白色部分。
③将可以密封的保鲜瓶煮沸消毒（请参照第 60 页），再将柚子皮切成丝放入保鲜瓶中，加入柚子汁（去核）和蜂蜜，放入冰块箱冷藏。使用时，将柚子和蜂蜜盛出一起泡水即可。

① ② ③

* 保存期限和保存方法
我们在介绍蜂蜜柚子茶做法时，用了一整个柚子，这个分量比较容易配比制作。喝完剩下的部分可以在冰箱中保存 3 周。为了避免使用时混入细菌，请使用干净的勺子盛食。

搭配热水

原料（1人份）和做法

在杯中放入 1~2 大勺蜂蜜柚子茶，再注入 3/4 杯热水，用汤匙搅拌均匀即可。（50 千卡）

搭配热橙汁

原料（1人份）和做法

将 1/3 杯橙汁（100% 纯果汁）放入耐热容器中加热 30 秒。取出倒入杯中，再加入 1/3 杯热水和 1~2 大勺蜂蜜柚子茶，用汤匙搅拌均匀即可。（83 千卡）

搭配乌龙茶

原料（1人份）和做法

将 1 大勺乌龙茶放入茶壶，倒入 3/4 杯热水，加盖泡 1 分钟左右。在杯中放入 1~2 大勺蜂蜜柚子茶，再注入乌龙茶，用汤匙搅拌均匀即可。（50 千卡）

晚安喽！睡前来一杯有助于睡眠和放松的热饮，明天又是精力充沛的一天。

睡前推荐饮用具有安定情绪和促进睡眠作用的牛奶，

只要一杯，就可以让你彻底放松下来。

夜晚，随便翻翻喜欢的书，再来一杯香甜的热饮，今夜一定做个好梦！

睡前

牛奶与蜂蜜，简单又美味的组合。

蜂蜜牛奶

原料（1 人份）

牛奶　3/4 杯

蜂蜜　1/2~1 大勺

做法

将牛奶倒入耐热容器，放入微波炉加热
1 分钟。取出后加入蜂蜜，用汤匙搅拌
均匀，倒入杯中即可。(135 千卡)

要多加些营养丰富、口感特别的黑芝麻哦!

黑芝麻牛奶

原料（1 人份）

牛奶　3/4 杯

黑芝麻　1/2 大勺

砂糖　1~2 小勺

做法

将牛奶倒入耐热容器，放入微波炉加热 1 分钟。
取出后加入黑芝麻和砂糖，用汤匙搅拌均匀，
倒入杯中即可。(131 千卡)

用巧克力做搅拌棒，看着它在牛奶中不断融化，
玩味渐浓的可可味道。

巧克力牛奶

原料（1 人份）

牛奶　3/4 杯

黑巧克力　一条（约 25 克）

做法

将牛奶倒入耐热容器，放入微波炉加热 1 分钟。
取出倒入杯中，插入巧克力即可。(243 千卡)

撒上香脆的杏仁片，
给口感加分！

枫糖奶茶

原料（1 人份）
袋装红茶 1 包
牛奶 1/2 杯
枫糖浆 1 大勺
杏仁片 少许

做法
将红茶包放入茶杯，倒入热水，盖上盖子泡 1
分钟，取出茶包。将牛奶倒入耐热容器，放入
微波炉加热 40 秒。再将牛奶倒入泡有红茶的
杯子，加入枫糖浆，用汤匙搅拌均匀，撒上杏
仁片即可。（136 千卡）

选用有涩味的烘焙茶，
带来一杯和风奶茶。

烘焙奶茶

原料（1 人份）
烘焙茶 1 大勺
牛奶 1/2 杯
水 1/4 杯

做法
将全部食材倒入小锅，加入热水，用中火加热。
开锅后煮 1~3 分钟。煮好用茶漏将奶茶过滤到
杯中即可。（69 千卡）

菊花的香气可以提升安神效果。

菊花奶茶

原料（1 人份）
菊花茶包　1 包
牛奶　1/2 杯
热水　1/4 杯

做法
将菊花茶包放入茶杯中，冲入热水，加盖泡
1 分钟，取出茶包。将牛奶倒入耐热容器，
放入微波炉加热 40 秒，再将牛奶倒入泡菊
花茶的杯子即可。（69 千卡）

对平时的酒品稍加改造

微醺饮料

能让心情最为松弛和舒畅的饮料非酒莫属。

从我们身边最常见的啤酒、葡萄酒到色泽亮丽的朗姆酒和甘露咖啡力娇酒，

用它们来做一杯美妙的饮料吧。

悠闲地饮一杯，无论何时都能让人全身轻松、心情畅快。

啤酒　葡萄酒　其他酒类

啤酒

番茄的酸味带来了清爽的口感。

啤酒的苦涩被中和了，一口气就能喝掉一杯。

⊕ 番茄汁啤酒
原料（1 人份）和做法
将啤酒和番茄汁（无盐）各 1/2 杯倒入玻璃杯中，加入少许柠檬汁，用汤匙搅拌均匀即可。（58 千卡）

⊕ 姜汁啤酒汽水
原料（1 人份）和做法
将啤酒和姜汁汽水[1]各 1/2 杯倒入玻璃杯中，用汤匙搅拌均匀即可。（81 千卡）

⊕ 酸橙啤酒
原料（1 人份）和做法
将 1 杯啤酒倒入玻璃杯中，再将 1/4 个酸橙挤出果汁，滴入其中即可。（83 千卡）

⊕ 醋栗利口酒[2]特饮
原料（1 人份）和做法
将 1~2 大勺醋栗利口酒（请参照第 77 页）倒入玻璃杯中，再加入 1 杯啤酒即可。（130 千卡）

真是糟糕的一天，来一杯酸橙啤酒，立刻神清气爽！

醋栗让这款特饮的色彩更加华丽。

[1]英文为 ginger ale，一种加入生姜等香料，用焦糖着色的碳酸饮料。不含酒精，有生姜独特的香味。可用来代替香槟等餐前酒品饮用，还可作为制作鸡尾酒的原料。
[2]利口酒是英文 Liqueur 的译音。它是以蒸馏酒如白兰地、威士忌、朗姆酒、琴酒、伏特加或葡萄酒为基酒，加入果汁和糖浆再浸泡各种水果或香料，经过蒸馏、浸泡、熬煮等制成的。

葡萄酒

水果的甜美味道让口感变得柔和。

⊕ 甜橙·苹果红葡萄酒

原料（1人份）和做法

将一片甜橙一分为二，1/8 个苹果去核，切成薄片。再将两者一起放入器皿中，加入 1 杯红葡萄酒，用保鲜膜包好，放入冰箱。至少冷藏30 分钟，如果可能，最好能冷藏一晚。最后将全部食材倒入玻璃杯中即可。（154 千卡）

说不定你会从此爱上胡椒微麻的口感。

⊕ 辛香红葡萄酒

原料（1人份）和做法

将 1 杯红酒，5 粒黑胡椒放入器皿中，肉桂（请参照第 77 页）折为两截，把其中一截放入其中，用保鲜膜盖好，放进冰箱。至少冷藏 30 分钟，如果可能，最好冷藏一晚。最后将酒水倒入玻璃杯中，浸入另一截肉桂做装饰。（146 千卡）

爽口的汽水让吞咽的感觉畅快无比。

⊕ 白葡萄酒汽水

原料（1人份）和做法
将白葡萄酒和汽水各 1/2 杯倒入
玻璃杯中，再加入一片半月形柠
檬即可。(119 千卡)

色彩炫目的果实只是看看也是一种乐趣。

⊕ 莓果白葡萄酒

原料（1人份）和做法
取两颗草莓，去蒂纵向切成两半。
将白葡萄酒和草莓倒入玻璃杯中，
再根据自己的喜好加入树莓、蓝
莓等即可。(165 千卡)

其他酒类

加入冰沙，
在视觉和口感上都感觉冰爽无比。

甘露牛奶

原料（1 人份）
甘露酒（请参照第 77 页）　1~2 大勺
牛奶　1/2 杯
冰块　10 块

做法
将冰块放入搅拌机，打成冰沙（如果搅拌机不能处理冰
块，可以用毛巾将冰块包裹起来，再用擀面杖将冰块敲
碎），倒入玻璃杯中，再依次注入甘露酒和牛奶即可。(120
千卡)

葡萄柚和盐组合，
混搭出绝妙的风味。

冰爽咸狗[①]

原料（1 人份）
葡萄柚　1 个
伏特加（请参照第 77 页）　1~2 大勺
水、盐、冰块　适量

做法
将葡萄柚纵向剖为两半，用榨汁器榨出果汁。将水和盐
别放在两个小碗中，沿玻璃杯边缘抹一圈水，再将盐沿
水痕沾到玻璃杯边缘形成一圈盐霜。最后将冰块、伏特
加和葡萄柚果汁倒入杯中，用汤匙搅拌均匀即可。(91
千卡，盐 0.5 克)

① Salty Dog，鸡尾酒的一种。用伏特加、葡萄柚汁、精盐调制而成。从正面看这款鸡尾酒，酒杯中的葡萄柚切块就像一条狗尾巴，因此得名。

混合了果肉和果汁，
甜橙的香气在口中四溢。

清新堪培利^①橙汁

原料（1 人份）
甜橙　1 个
堪培利酒（请参照第 77 页）　1~2 大勺
碳酸水（无糖）　1/2 杯
冰块　适量

做法
先削去橙子的厚皮。将刀插入橙子瓣中间，成 V 字型
切割将果肉取出，4 瓣即可，剩下的部分用来榨果汁。
将冰块和堪培利酒倒入玻璃杯中，加入橙汁和碳酸水，
最后放入果肉即可。（92 千卡）

———————
① Campari，一种意大利开胃酒，味道微苦。
② Mojito，一款源自古巴的鸡尾酒，有着浓厚的加勒比风情。

地道的古巴鸡尾酒让你沉浸在
爽快的口感中。

莫吉托^②

原料（1 人份）
薄荷叶　15~20 片
酸橙　1/4 个
朗姆酒（请参照第 77 页）　2 大勺
砂糖　1 大勺
碳酸水（无糖）3/4 杯
冰块　适量

做法
将薄荷叶放入玻璃杯中，用研磨器的小木杵把薄荷
叶捣碎，加入朗姆酒和砂糖混合。再倒入冰块和碳
酸水，用汤匙搅拌均匀。最后将酸橙榨汁加入其中
即可。（72 千卡）

一个小诀窍就可以让美味升级

让咖啡 & 红茶美味升级的方法

让咖啡美味升级

（1 人份）

*制作2~3人份的咖啡时，要增加热水和咖啡的用量。可以使用咖啡壶，要领相同（如果可能，最好使用有刻度的大号咖啡杯）。最后将做好的咖啡倒入咖啡杯即可。

①在水壶中装满水，用大火烧开。将咖啡滤纸折成漏斗状放入滤杯中，再把咖啡杯接在滤杯下，最后将 2 大勺磨碎的咖啡（约 15 克）*放入滤纸中。

②将少量热水淋在磨碎的咖啡粉上，来回转动滤杯让咖啡粉完全浸湿，转动 30 秒。这样可以让咖啡的香味完全释放。

③再将少量热水一点一点淋在咖啡粉上，直到全部咖啡粉浮起来。待咖啡粉沉下来后，再次注水转动滤杯。注意，要注入热水，然后等咖啡粉沉下，反复几次。一定要控制好热水的量，以可以转动滤杯不会把水洒出为宜。

④不要只顾注水，要注意咖啡杯是否满了。在杯子盛满咖啡前取下滤杯。注意，不要让滤纸中的咖啡粉撒出来。

每当烤了最爱的甜点，或者别人送来了好吃的东西时，
真想美美地一边喝咖啡、红茶，一边品尝甜点。
让我们复习一下咖啡和红茶的制作要领吧，
只要方法得当，就可以泡出醇香无比的咖啡和红茶！

让红茶美味升级

（1人份）

①

②

③

④

*请根据茶叶种类的不同调节用量。如果用的是大吉岭红茶[①]等大叶红茶，放入1大勺茶叶即可。如果是锡兰红茶[②]等小叶红茶，放入1/2大勺即可。还有，如果要泡制2~3杯红茶，请同时增加茶叶和热水的用量，泡制要领与做一人份相同。

①在水壶中装满水，用大火煮至水沸腾。将 1/2~1 大勺茶叶*放入茶壶中。

②将沸腾的热水快速冲入茶壶。这样可以让大量空气和热水一起进入壶中，使茶叶在壶中上下翻腾，更容易泡开。

③盖上壶盖，泡 2~3 分钟，让茶叶完全舒展。

④用茶漏将茶水漏入杯中。经过长时间浸泡，茶水会变苦，所以请将茶壶中剩余的茶水，用茶漏漏入另一个杯子中。

①出产于印度西孟加拉邦北部喜马拉雅山麓大吉岭高原的红茶总称。
②出产自斯里兰卡的红茶统称，主要有乌沃茶、汀布拉茶和努沃勒埃利耶茶等几种。

黑蜜

在黑砂糖中加入等量的水煮溶后的糖浆，有的还会加入蜂蜜。味道非常甜。

低脂奶油

以植物油、糖稀等为原料制作而成。瓶装设计，可以随时使用，非常方便。

焦糖酱

砂糖经过熬制做成糖浆，再加入甜味炼乳、蜂蜜等制作成的酱料。一般在制作冰激凌、华夫饼等时会用到。

绿茶粉

用煎茶的叶片细细磨成的粉末，可溶于水。能让你轻松体验绿茶的清香，同时还可以摄取茶叶中的营养物质和膳食纤维。

八角

茴香科植物，常绿乔木，果实干燥后可制成香料，气味辛香。中餐中经常用到，也叫做茴香。

百里香

紫苏科香料植物。清新的香气是它的主要特征。可以用来去除鱼、肉等的腥味，也用来提升汤品的香气。

冰糖

砂糖的结晶再制品，由纯度高的蔗糖结晶而成。特点是清淡而甘甜。制作果酒时经常用到。

盐渍樱花

用八重樱为主要原料加入盐和醋腌制后晾干。用于日式糕点、饭团等的装饰。

醋栗利口酒
用醋栗的黑色小果实为原料制成，法国产利口酒，绛紫色，有着浓厚的甜味和幽隐的酸味。

堪培利
有着艳丽的颜色，是在苦味利口酒中添加橘皮、香芹子、芜荽等植物成分酿制的，原产于意大利。

肉桂
将肉桂树的树皮剥下晾干，桂皮会自然卷成棒状。芬芳馨香，可以通过浸泡增加咖啡、红茶等的香味。

朗姆酒
用甘蔗制成的蒸馏酒。浓郁的香气和醇厚的口感让它充满魅力。不仅可以制作鸡尾酒，也是甜点制作中经常使用的调味料。

甘露咖啡力娇酒
将经过烘焙的咖啡豆放入蒸馏酒中酿造而成，留住了咖啡的香气，再加入砂糖等调味料制成，是墨西哥产利口酒。它最大的特点是具有香草味。

伏特加
以黑麦、玉米、马铃薯等为主要原料制成的俄罗斯蒸馏酒。其特征是用白桦木炭蒸馏而成。

图书在版编目(CIP)数据

越喝越年轻的100种健康特饮／〔日〕野口真纪著；贾
超译.—海口：南海出版公司，2012.9
  ISBN 978—7—5442—6123—4

  Ⅰ.①越…   Ⅱ.①野…②贾…   Ⅲ.①保健－饮料－
制作   Ⅳ.①TS275.4

中国版本图书馆CIP数据核字(2012)第183352号

著作权合同登记号   图字：30—2012—120
MAINICHI NO DRINK 100
© ORANGE PAGE 2009
Originally published in Japan in 2009 by THE ORANGE PAGE INC.
Chinese translation rights arranged through DAIKOUSHA INC.,KAWAGOE
All Rights Reserved

越喝越年轻的100种健康特饮
〔日〕野口真纪 著
贾超 译

出   版   南海出版公司   (0898)66568511
          海口市海秀中路51号星华大厦五楼   邮编 570206
发   行   新经典文化有限公司
          电话(010)68423599   邮箱 editor@readinglife.com
经   销   新华书店

责任编辑   秦 薇
装帧设计   蔡阳阳
内文制作   一鸣文化

印   刷   北京朗翔印刷有限公司
开   本   889毫米×1194毫米   1/16
印   张   5
字   数   50千
版   次   2012年9月第1版
印   次   2012年9月第1次印刷
书   号   ISBN 978—7—5442—6123—4
定   价   28.00元